SUR GRIN VOS CONNAISSANCES SE FONT PAYER

- Nous publions vos devoirs
  et votre thèse de bachelor et master

- Votre propre eBook et livre –
  dans tous les magasins principaux du monde

- Gagnez sur chaque vente

Téléchargez maintentant sur www.GRIN.com
et publiez gratuitement

Les marchés ruraux de l'Afrique de l'Ouest: une brève revue de littérature

Vincent Zoma
Didier Ilboudo
Gabriel Sangli

Bibliographic information published by the German National Library:

The German National Library lists this publication in the National Bibliography; detailed bibliographic data are available on the Internet at http://dnb.dnb.de.

ISBN: 9783346715029
This book is also available as an ebook.

© GRIN Publishing GmbH
Nymphenburger Straße 86
80636 München

Print and binding: Books on Demand GmbH, Norderstedt, Germany
Printed on acid-free paper from responsible sources.

The present work has been carefully prepared. Nevertheless, authors and publishers do not incur liability for the correctness of information, notes, links and advice as well as any printing errors.

GRIN web shop: https://www.grin.com/document/1275235

Les marchés ruraux de l'Afrique de l'Ouest: une brève revue de littérature

Vincent Zoma, Didier Ilboudo & Gabriel Sangli

TABLE DES MATIÈRES

PRÉSENTATION DES AUTEURS

Dr Vincent ZOMA est enseignant-chercheur au Département de géographie l'Université Joseph KI-ZERBO. Ses recherches scientifiques porte actuellement sur les problématiques du transport, de l'intégration régiona des migrations, du changement climatique, de l'aménagement du territoire sur la gestion des ressources naturelles.

Titulaire d'une maîtrise et d'un master de recherche, **Didier ILBOUDO** prépare actuellement une thèse de doctorat en géographie à l'Université Joseph KI-ZERBO. Ses recherches scientifiques actuelles portent sur la dynamique des relations ville-campagne

Dr Gabriel SANGLI est un enseignant-chercheur à l'Institut Supérieur des Science de la Population (ISSP) de l'Université Joseph KI-ZERBO. Son domaine de recherche s'étend à l'analyse spatiale, les migrations, les enfants sur les sites miniers ou « laisser derrière » par leurs parents migrants, les faits de peuplement et leurs impacts ainsi que l'habitat, le logement et le foncier urbain.

REMERCIEMENTS

Ce travail est le fruit de la contribution de plusieurs personnes qui méritent notre reconnaissance. Ainsi, nous exprimons notre profonde gratitude à nos parents qui ont consenti d'énormes sacrifices pour nous durant toutes ces années. Nous pensons particulièrement au Pr Richard SAWADOGO et à son épouse (qui sont un père et une mère pour nous et surtout des modèles), aux membres de nos familles respectives qui nous ont soutenus et nous ont supporté durant les longues heures de travail.

Nos remerciements au Pr Georges COMPAORÉ pour son grand investissement dans la réalisation de ce travail.

SIGLES ET ABRÉVIATIONS

CEDEAO	Communauté Economique Des Etats de l'Afrique de l'Ouest
CILSS	Comité permanent de Lutte contre la Sécheresse dans le Sahel
CIRAD	Centre de coopération International en Recherche Agronomique pour le Développement
FAO	Organisation des Nations Unies pour l'alimentation et l'agriculture
FAOSTAT	Food and Agriculture Organization Statistics
FCFA	Franc de la Communauté Financière Africaine
FEWS NET	Famine Early Warning Systems Network
FIDA	Fonds International de Développement Agricole
OCDE	Organisation de Coopération et de Développement Economiques
PAM	Programme Alimentaire Mondial
USAID	United States Agency for International Development

LISTE DES ILLUSTRATIONS

RESUMÉ

En Afrique de l'Ouest, les marchés ruraux demeurent l'endroit où s'approvisionne la très grande majorité de la population, aussi bien pour les produits manufacturés, que pour les produits de base de première nécessité (riz, farine, légumes, etc.). Dans ce contexte, cette présente revue de littérature vise à mieux comprendre la typologie, les caractéristiques et l'approvisionnement des villes par les marchés ruraux de cette partie de l'Afrique. Cet ouvrage aborde alors respectivement, les principales typologies, les caractéristiques des marchés ruraux, et met en relief la consommation urbaine en Afrique de l'Ouest et des habitudes alimentaires.

Mots clés : Afrique de l'Ouest, marchés ruraux, approvisionnement urbain

INTRODUCTION

La circulation des ressources entre les espaces ruraux et les espaces urbanisés a presque toujours été perçue du point de vue particulier du ravitaillement des citadins par les ruraux. Ainsi, les "zones de production" sont opposées aux "zones de consommation". Cette approche dualiste occulte non seulement la relation d'interaction entre elles, mais encore la nature de l'espace de relation dans lequel s'inscrivent les lieux, les distances, les aires, les réseaux, les infrastructures, les flux, les acteurs et tous les autres phénomènes d'accompagnement en général. La saisie de cet espace relationnel est de nos jours plus que nécessaire pour comprendre la complexité de la question de l'approvisionnement (B. Cheikh, 2000).

Par ailleurs, « *en Afrique, la population urbaine triplerait, passant de 400 millions à 1,2 milliard. D'ici 2050, 95 % de la croissance urbaine mondiale (en termes de population) serait à absorber dans les villes en développement* » (J. Damon, 2020)[1]. À l'horizon 2025, les pays de l'Afrique de l'Ouest compteront 456 742 213[2] d'habitants. Ce contexte de très forte croissance démographique s'accompagne déjà d'un développement urbain sans précédent qui risque de bouleverser les rapports villes – campagnes en particulier au niveau de l'approvisionnement des villes en produits de base.

Ce scénario pose des problèmes de sécurité alimentaire dans la mesure où les « urbains » sont des importateurs nets de produits alimentaires (GRET, 2012). Cette situation conduit aussi à marginaliser les commerçants et les transporteurs locaux au profit de l'État et des importateurs majeurs (E. Hatcheu, 2003). En effet, la particularité des importations est de porter non pas seulement sur des denrées rares ou que le pays ne peut produire, mais aussi sur des aliments de consommation courante dont toute rupture d'approvisionnement peut tourner à la catastrophe. Les relations villes-campagnes s'inscrivent de plus en plus dans une série de rapports d'interdépendance qui évoluent avec les techniques de contrôle de l'espace (G. Courade, 1985).

La ville n'est pas seulement un lieu de la concentration de la demande alimentaire, elle est aussi un espace de transformations des modes de vie qui induisent des modes de consommation différenciés et de nouvelles habitudes alimentaires.

---

[1] https://www.revueconflits.com/urbanisation-phenomene-planetaire-julien-damon/, consulté le 15/07/2022.
[2] (PopulationPyramid.net, 2019) https://www.populationpyramid.net/fr/afrique-de-louest/2025/, consulté le 29/08/2022.

Celles-ci portent de plus en plus sur des aliments de préparation rapide, et sur des produits riches, fruits et légumes frais, lait, œufs, dont l'approvisionnement suppose des techniques et des moyens de production, de transport et de conservation qui manquent aux pays du sud (FEWS NET, et *al*, 2010). Le passage d'un marché du « tout venant » à un marché de produits transformés, diversifiés et adaptés aux exigences spécifiques de différents segments de la demande; comporte de nombreux obstacles pour les petites unités de production malgré les améliorations techniques et technologiques apportées dans le domaine de la transformation[3].

Tous ces éléments demandent une grande maîtrise du processus allant de l'approvisionnement en matières premières à la transformation en produits finis et à leur commercialisation. En effet, les besoins alimentaires quotidiens des villes sont élevés. Ils portent sur des produits aussi variés que les céréales, les tubercules, le plantain, les fruits et les cultures maraîchères. Cependant, la baisse du pouvoir d'achat et la dépendance croissante à l'égard des importations pour certaines denrées alimentaires de base constitue un véritable problème.

La baisse du pouvoir d'achat des consommateurs urbains[4] a eu un effet important sur les capacités alimentaires des urbains défavorisés (J. Coussy et J. Vallin, 1996). Dans les zones rurales d'Afrique de l'Ouest, la faible densité de population, l'éloignement et le coût élevé des transports sont autant d'obstacles matériels évidents. Les ruraux pauvres sont aussi souvent pénalisés par le fait qu'ils ne comprennent pas bien comment fonctionnent les marchés, qu'ils ont des compétences en gestion commerciale et un pouvoir de négociation limités, et qu'ils ne sont pas organisés de manière à pouvoir traiter, à armes égales, avec d'autres acteurs du marché, généralement plus importants et plus puissants qu'eux. En outre, les producteurs ruraux des pays en développement se heurtent aux multiples obstacles que les pays développés ont érigés sur leurs propres marchés (S. Snrech, 1997).

De même, la forte instabilité des marchés internationaux des produits alimentaires exportés vers l'Afrique (H. Benz, 1996) perturbe fortement les marchés ruraux. La ville est également le creuset de recomposition des pratiques alimentaires issues du monde rural et de changements qualitatifs de la demande.

---

[3] Il s'agit entre autre de la faiblesse des réseaux de commercialisation, l'image des produits locaux qui restent régulièrement dévalorisés par une majorité de consommateurs par rapport à l'image des produits importés, etc.
[4] Liée aux programmes d'ajustement structurel et aux faiblesses des politiques économiques ces dernières années.

Dans ce contexte, cette présente revue de littérature vise à mieux comprendre la typologie, les caractéristiques, et l'approvisionnement des villes par les marchés ruraux de l'Afrique de l'Ouest. Cet ouvrage aborde alors respectivement, les principales typologies, les caractéristiques des marchés ruraux, et met en relief la consommation urbaine en Afrique de l'Ouest et des habitudes alimentaires.

1. TYPOLOGIE DES MARCHÉS RURAUX DE L'AFRIQUE DE L'OUEST

Dans certaines grandes villes subsahariennes, les villages ayant été englobés par l'extension urbaine ont pu maintenir des caractères propres à leur origine rurale, comme le type d'habitat, la proportion élevée d'habitants pratiquant une activité agricole régulière, et notamment la fréquence des marchés. L'infrastructure des marchés ruraux est généralement pauvre: les tables sont en bois, il n'y a généralement pas de voirie, ni d'installation sanitaires. Les produits sont repartis sur le marché de telle sorte que chaque produit occupe une aire spécifique. Chaque surface comprend un nombre d'étals qui à leur tour, sont composés de tables (F. Gossens, 1994).

D'une manière générale, plusieurs éléments interviennent dans la typologie et la caractérisation des marchés ruraux. Le marché est le lieu de rencontre entre l'offre et la demande pour différents produits. Ses activités changent selon qu'il se situe à proximité d'un bassin de production ou d'un centre de consommation, qu'il se trouve à cheval entre deux pays, etc. La typologie des marchés est proposée souvent en fonction des types d'acteurs rencontrés et des transactions dominantes sur chaque marché pour mieux comprendre l'orientation des flux.

On trouve essentiellement des consommateurs et des détaillants sur le marché de consommation, des producteurs et des collecteurs sur les marchés de collecte, des collecteurs et des grossistes sur les marchés de regroupement, des grossistes, des semi-grossistes et des détaillants sur les marchés de consommation. Les échanges unitaires portent plutôt sur de petites quantités sur les marchés de consommation et sur des quantités plus importantes sur les autres types de marchés. Des liens existent entre les types de marchés (Cf. schéma 1).

Schéma 1: Typologie simplifiée des marchés

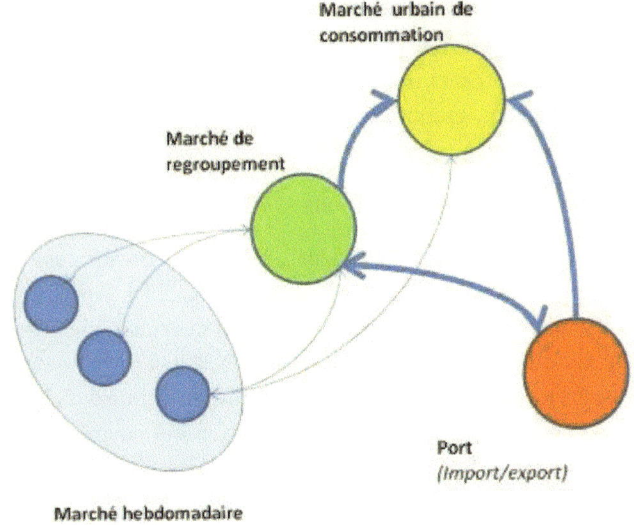

Source : FEWNET et al., 2010

Certains marchés associent différentes fonctions. Autrement dit, le réseau commercial est en évolution constante: certains marchés prennent de l'importance en peu de temps, alors que d'autres disparaissent:

❖ Les marchés de collecte

Les marchés de collecte sont situés en zones de production. Ce sont en général des marchés hebdomadaires ruraux qui opèrent en étroite liaison avec un marché de regroupement. Les produits sont d'origine locale, et les vendeurs y sont surtout des producteurs et des collecteurs résidents. Les acheteurs sont des demi-grossistes, des grossistes, ou des collecteurs travaillant pour ces derniers. L'offre de produits y est saisonnière et les produits peuvent y être regroupés afin d'être acheminés vers des marchés plus importants. Les échanges portent surtout sur les céréales, les produits forestiers non ligneux, le bétail…

❖ Les marchés de regroupement

Les marchés de regroupement se trouvent en zones rurales ou urbaines. On y rencontre des produits rassemblés en vue de leur transfert vers les autres marchés. Ces marchés de regroupement servent aux transactions entre grossistes, et fonctionnent comme interface à la fois avec le port (et donc le marché international) et les marchés urbains de consommation. La spécialisation vivrière y est moins nette que dans les marchés de collecte. On y trouve des magasins de stockage de commerçants locaux qui font office de courtiers pour leurs collègues éloignés. Les commerçants qui les fréquentent (achat, vente) sont surtout des demi-grossistes et des grossistes: ces marchés jouent un rôle régulateur des échanges des produits;

❖ **Les marchés de consommation**

Les marchés de consommation sont localisés dans les grands centres urbains et dans les centres déficitaires des zones rurales. Ce sont des espaces publics créés par un groupe social au sein desquels se réalisent des transactions commerciales de manière périodique. La gestion de ces marchés était le fait des responsables coutumiers, mais actuellement elle est sous la responsabilité des mairies. Sur ces types de marché, les transactions commerciales se font de gré à gré et de façon individuelle. Ils permettent aux populations locales d'accéder à des denrées alimentaires et matérielles. Ils sont parfois équipés en infrastructures de stockage qui permettent l'étalement de l'offre dans le temps.

Ces marchés ont plusieurs caractéristiques qui justifient leur appellation de « marchés ruraux ».

2. CARACTÉRISTIQUES DES MARCHÉS RURAUX

Les éléments de caractérisation des marchés comprennent leur localisation dans la province, la qualité de leurs voies d'accès, leur organisation et en particulier leurs fréquences d'ouverture, leur niveau de fréquentation, la nature et le volume des produits qui sont échangés, leur place dans les circuits de commercialisation, leur connexion avec les autres marchés, les dispositifs d'information renseignant les acteurs et les pratiques des acteurs sur les marchés (CIRAD, 2014). Il est par conséquent judicieux de s'intéresser aux fonctions des marchés ruraux et leur réputation.

2.1. Fonctions et réputation des marchés ruraux

En ce qui concerne les fonctions, la principale fonction des marchés ruraux est la collecte des céréales et des produits de rente, ainsi que la vente des produits importés ou manufacturés aux ménages. Pendant la période de « soudure », les marchés changent de vocation et deviennent essentiellement une source d'approvisionnement des ménages en céréales (FEWS NET et *al.*, 2010). Les marchés ruraux hebdomadaires situés en zone excédentaire peuvent fonctionner comme des marchés de collecte toute l'année, approvisionnant à la fois les marchés de regroupement et les marchés ruraux des zones déficitaires. Ainsi, les marchés ruraux sont d'importants cadres institutionnels traditionnels qui remplissent un certain nombre de fonctions:

❖ **Fonction économique**

Les marchés ruraux favorisent les transactions commerciales et assurent la sécurité alimentaire. Ils peuvent même contribuer à limiter l'exode rural par le développement d'activités génératrices de revenus. La commercialisation des produits ruraux pour l'approvisionnement des villes, apparaît ainsi comme un facteur incontestable d'enrichissement dans la mesure où des revenus importants sont distribués aux paysans et de nombreux petits emplois sont induits par ce trafic. Le marché constitue ainsi une opportunité pour les producteurs d'écouler leur production excédentaire ou certaines spéculations dont ils peuvent tirer un bon prix et de se procurer les moyens monétaires d'acheter les produits et services qui leur manquent: condiments, céréales qui pourraient manquer à la « soudure », produits de diversification, mouture, etc;

❖ Fonction sociale

Les marchés ruraux constituent des lieux de rencontre d'individus, hommes et femmes de tous âges, et permet le développement de relations de dépendances, d'échanges, etc. Ils contribuent à maintenir des liens sociaux importants en associant les populations rurales et urbaines, voire de proches voisins, à un échange mutuellement enrichissant. Par ailleurs, le fait d'acheter au marché incite à porter attention à ce qui se passe à proximité et aux activités en cours. En offrant des points de vente pour les produits locaux, les marchés ruraux contribuent à créer une impression d'unicité susceptible d'accroître le sentiment de fierté et d'encourager les visiteurs à venir;

❖ Fonction physique

Cette fonction concerne le flux de denrées dans l'espace et dans le temps du producteur au consommateur, ainsi que leur transformation en produits attrayants pour le consommateur. Le regroupement ou la concentration du produit en des lieux pratiques permet de le transporter de façon économique. Par exemple, les ignames provenant de plusieurs producteurs sont regroupés en un lieu donné pour être transportés plus tard sur les marchés. Le stockage permet de conserver la denrée jusqu'à l'augmentation de la demande, pendant la haute saison, ce qui stabilise l'offre. La transformation ajoute de la valeur au produit en le transformant en produits demandés par les consommateurs. La fréquence de l'approvisionnement permet au consommateur d'avoir plus de confiance dans les caractéristiques du produit qu'il achète. La plupart des marchés ruraux de l'Afrique de l'Ouest remplissent ces fonctions et, ce faisant, ils établissent un lien entre l'économie rurale et l'économie urbaine.

Concernant la réputation d'un marché rural, elle est déterminée par:

- ✓ **Sa proximité à un bassin de production** (champs, cuvettes, périmètres irrigués).

Cela permet de savoir la disponibilité des produits, leur qualité (fraicheur), ainsi que les possibilités de transactions. Tout ceci ayant une influence directe sur les prix;

- ✓ **Les conditions d'accès** (dessertes)

La densité et la praticabilité du réseau routier sont des conditions essentielles pour la commercialisation des produits agricoles. Elles permettent l'écoulement des produits entre les bassins de production, centres de collectes et marchés. Les pistes impraticables surtout en saison pluvieuse contribuent au ralentissement des activités de transport des zones de production vers les centres de consommation. Par exemple, un véhicule de transport de marchandises peut s'embourber et passer une à deux semaines dans la brousse suite au mauvais état des pistes (M. Konkobo, 2012). Le transport conditionne la qualité, la compétitivité et la régularité de l'approvisionnement des marchés urbains.

En raison de l'insuffisance des moyens et des conditions de circulation difficile dans la zone d'approvisionnement, la part du transport dans les coûts de commercialisation des produits vivriers et maraîchers vendus est assez élevée sur les marchés urbains. L'augmentation des coûts de transport et des charges fiscales obligent très souvent acteurs à modifier leurs comportements et leurs stratégies en matière d'approvisionnement et de distribution alimentaire dans les villes.

Le désenclavement de certaines régions représente des atouts certains pour l'acheminement des produits sur les marchés vivriers, contribuant ainsi à la consolidation de la sécurité alimentaire des populations urbaines et des zones à risque ou à déficit vivrier. Les conditions d'accès (dessertes) permettent aussi de comprendre la lenteur dans l'écoulement des produits ainsi que les coûts de transport.

2.2. Les apports des marchés ruraux

En Afrique de l'Ouest, les marchés ruraux sont une base de renseignements primordiale pour les négociants ou pour leurs employés qui parcourent la campagne. On peut y connaître rapidement l'état des récoltes locales, les prix, les lieux où des denrées sont à vendre. Ils servent souvent de centres de groupage des productions pour les marchands, qui les expédient ensuite sur les marchés urbains.

Si l'on ajoute à ce que le marché est le lieu où les producteurs prennent contact avec des collecteurs qui viennent ensuite chercher la marchandise au village ou au bord des champs, on en mesure toute l'importance (I. Dia, 1997). Les marchés jouent un rôle fondamental dans la stratégie de subsistance de la plupart des ménages ruraux. C'est là que les producteurs se procurent les ressources dont ils ont besoin et écoulent le produit de leur travail, et c'est là aussi, en tant que consommateurs, qu'ils dépensent l'argent tiré de leurs activités agricoles et non agricoles pour acheter de la nourriture et des biens de consommation (L. Wilhem, 1997).

Dans l'approvisionnement et la commercialisation des produits de base dans les villes, les marchés ruraux restent le point de rencontre entre le producteur et le commerçant, entre le citadin et le paysan. La plupart des productions maraichères et céréalières sur les marchés urbains provient des marchés ruraux (N. Traoré, 2008). En général, la diversité des fonctions caractérise les grands marchés des pays africains. Il s'agit du micro détail, détail, demi gros, gros, zone de stockage et de réexpédition, zone de services et d'artisanat.

Les marchés ruraux apparaissent donc comme des points de convergence de réseaux d'approvisionnement et de distributions de produits de base (céréales, légumes, viande, poissons, fruits…) et manufacturés. Par ailleurs, C. Coquery-Vidrovitch (1988) souligne que ces marchés sont des espaces ouverts où producteurs ruraux et marchands viennent vendre à même le sol. Ces marchés « au sens plus traditionnel du terme », à fréquence régulière, sans installation spécifique sont également des espaces de référence pouvant avoir d'autres usages.

En outre, F. Goossens (1996) fait remarquer que la plupart des grandes villes africaines ne possèdent pas un réel marché de gros. Cette fonction existe mais elle est le plus souvent confondue avec celle de détail en milieu rural qu'en milieu urbain. Pour lui, le rôle des marchés de détail se limite à l'aliment de base: de petites quantités de légumes, de poisson, de haricots, de fruits, de viande, etc., pour la consommation journalière, sont achetées presque uniquement aux marchés de détail.

Quant à E. Tollens (1997), il décrit les principaux avantages économiques des marchés en gros (en milieu rural) à différents niveaux: celui de la formation des prix qui est favorisée et rendue plus transparente, ce qui entraîne une diminution des coûts de transaction (les coûts encourus par les opérateurs pour obtenir les informations sur les prix des marchés); celui de la réduction des coûts de l'ensemble des services de commercialisation par la réduction des coûts de transport et de manutention, l'obtention d'économies d'échelle, la réduction des pertes, la facilitation du triage et du classement des qualités, une plus grande utilisation de poids et mesures standards et un gain de temps pour les détaillants.

Pour l'auteur (E. Tollens, 1997), un autre avantage est à prendre en compte: la création de marchés de gros organise une meilleure articulation des structures de distribution modernes existant dans les grandes villes (les supermarchés) avec la production vivrière locale par la garantie d'un approvisionnement régulier, en quantité et de meilleure qualité.

2.3. Les zones d'approvisionnement des marchés ruraux

Les zones d'approvisionnement des marchés ruraux s'articulent autour des bassins de production et des centres de collecte:

❖ Les bassins de productions

Les bassins de production des marchés ruraux sont constitués des villages, des hameaux et des groupements ruraux où l'activité agropastorale domine. Plusieurs zones agricoles proches géographiquement peuvent appartenir à un même pôle et alimenter les mêmes marchés. Ainsi, on retrouve des zones d'exploitation forestière et les zones d'agriculture urbaine et périurbaine;

❖ Les zones d'exploitation de ressources forestières

L'Afrique de l'Ouest connait une importante exploitation de ses ressources forestières. En effet, c'est dans la forêt que les populations rurales prélèvent l'essentiel de leurs ressources alimentaires. Cette activité est basée sur la recherche du bois de chauffe, la cueillette et la chasse. Etant donné que les centres de consommation et de commercialisation sont généralement les villes, les populations rurales contribuent à l'approvisionnement des villes en bois de chauffe. En effet, la cueillette est une activité qui persiste encore en milieu rural. Elle est importante pour les populations rurales. C'est une activité pratiquée par la plupart des femmes; elle constitue aussi une activité génératrice de revenus. Cependant, la croissance démographique et la surexploitation de certaines espèces, combinées aux sécheresses répétées font que certaines espèces sont en voie de disparition.

D'une manière générale, le secteur agricole de l'Afrique de l'Ouest est de type extensif et se manifeste par une dominance des cultures céréalières. Entre 1980 et 2005, les rendements ont progressé en moyenne de 42% seulement et ne sont à l'origine que de 30% de l'augmentation de l'offre agricole et alimentaire (OCDE/CEDEAO, 2008). Pour la plupart des productions, les rendements à l'hectare sont parmi les plus faibles au monde. Cela s'explique en grande partie par les effets des aléas climatiques et la faible modernisation de l'agriculture. Toutes ces activités entrainent une consommation excessive des ressources forestières et contribuent à l'épuisement des ressources forestières dont les effets se répercutent sur la vie socio-économique. Ainsi, de 91589 milliers d'ha en 1990, les superficies forestières sont passées à 81979 milliers d'ha en 2000 et 73234 milliers d'ha en 2010 (FAO, 2011) soit une réduction de plus de 20% en 20 ans, autrement dit plus de 1% de dégradation forestière par an dans la période 1990-2010, chose très alarmante;

❖ **Les zones d'agriculture urbaine et périurbaine**

La zone d'approvisionnement la plus proche de la consommation se trouve à l'intérieur même de la ville ou à sa périphérie immédiate. La croissance urbaine, enclenchée après les années des indépendances africaines, a souvent donné lieu à l'apparition, non seulement de ceintures maraîchères, mais encore d'un jardinage urbain pratiqué intra-muros sur les terrains que l'expansion de l'urbanisation laissait encore libres pour un temps.

Le maraichage s'est étendu à la périphérie des grandes villes au cours du temps (N. Bognini, 2006). Toutefois, la diversification des habitudes alimentaires suscite une demande de plus en plus croissante en produits agricoles et constituent des opportunités pour développer des activités comme le maraichage. Dans plusieurs des villes d'Afrique tropicale, les moindres espaces libres se transforment en jardins ou en champs; y poussent légumes, maïs, manioc, oseille, gombo, etc. (M. Chevrier, 2001)

❖ **Les centres de collectes**

Les centres de collecte constituent des lieux où les produits d'un (ou de plusieurs) bassin(s) de production sont regroupés (collectés) afin d'être vendus et/ou acheminés au niveau des marchés ruraux de proximité ou même directement des centres de gros ou de consommation plus distants. Ce sont en général des lieux non aménagés, parfois à côté de l'intersection de pistes rurales que se font le regroupement des produits avant leur acheminement sur les marchés (CIRAD, 2014).

2.4. Les principaux produits disponibles sur les marchés ruraux

Les marchés ruraux se présentent comme des points de convergence de réseaux d'approvisionnement et de distributions de produits de base (céréales, légumes, viande, poissons, fruits, bois de chauffe…) et manufacturés. Cette démarche procède d'une analyse des flux des produits de base vers les centres urbains. Ainsi, les principaux produits disponibles sur les marchés ruraux sont généralement constitués des céréales, des légumineuses, des oléagineux, des fruits et légumes, des tubercules, des produits forestiers non ligneux et produits halieutiques (le poisson), des produits d'élevage et du bois, etc.

2.3.1. Les céréales, les légumineuses et les oléagineux

❖ Les céréales

Les céréales sont parmi les produits qui connaissent d'important flux commerciaux sur les marchés ruraux. Le graphique n°1 montre la part des importations dans l'approvisionnement des pays en céréales.

Graphique 1 : Part de céréales importées dans les apports caloriques nationaux

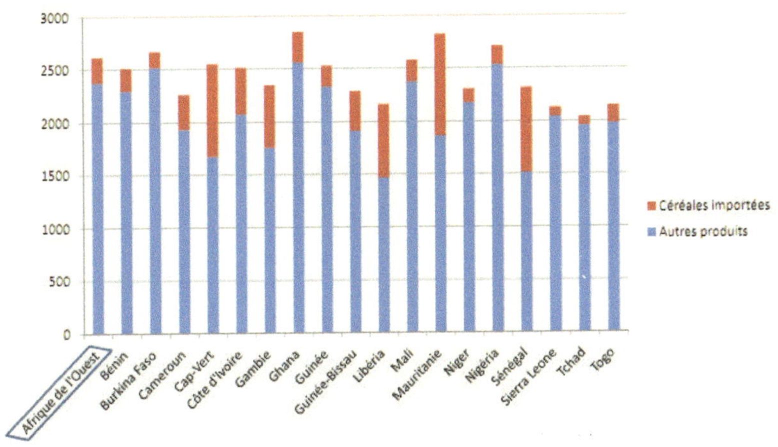

Source : CIRAD, 2014

La filière céréale (maïs, sorgho, mil, riz local, fonio...) est généralement caractérisée par des grossistes qui organisent eux-mêmes la collecte et la transformation (la mouture, l'emballage), qui vendent ensuite à des semi grossistes semi-formels. Cette filière se matérialise aussi par la densité de ses flux. L'urbanisation continue de l'Afrique de l'Ouest constitue une tendance lourde à laquelle répond l'orientation des flux commerciaux. Les zones urbaines côtières, pourvues de ports, assurent la fonction d'interface avec le marché mondial, et constituent les points d'origine et de destination des flux d'importation et d'exportation (carte 1 et graphique 2).

Carte 1: Flux du riz importé

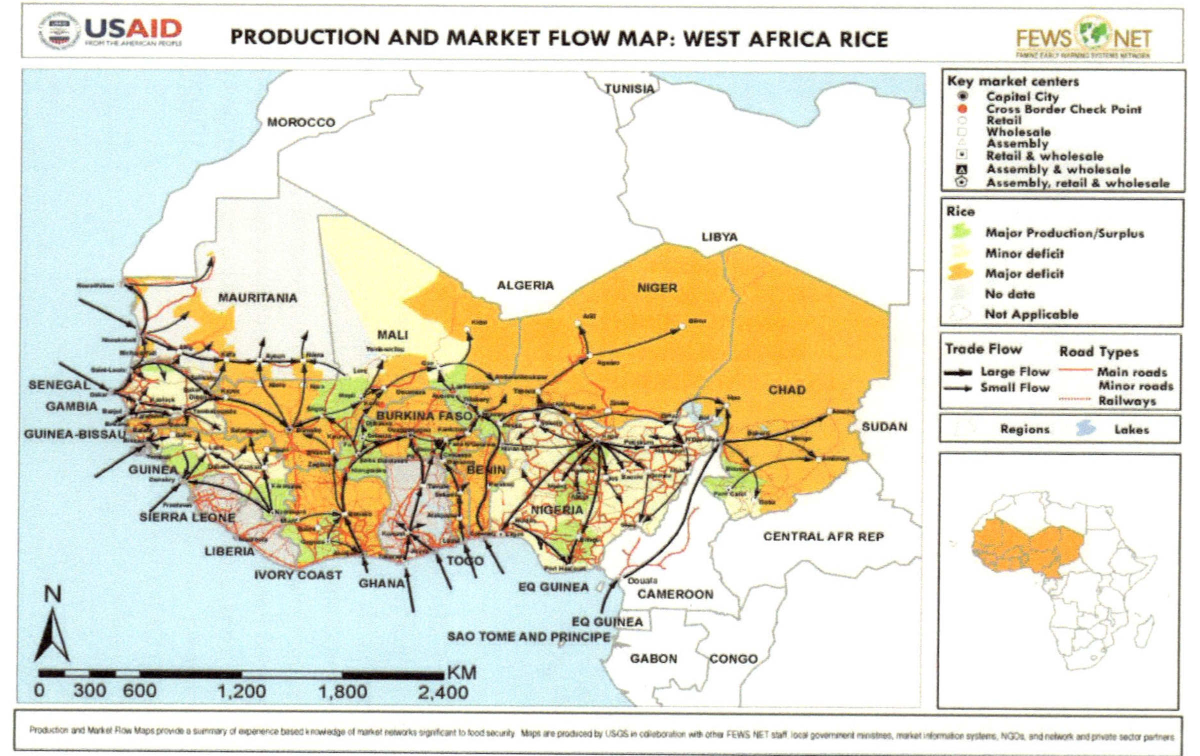

Source : FEWS NET et al., 2010

En plus de cette carte des flux, le graphique n°2 permet d'appréhender la consommation de riz dans les pays d'Afrique de l'Ouest ces dernières années.

*Graphique 2 : **Consommation de riz dans les pays d'Afrique de l'Ouest, 1980 – 2017***

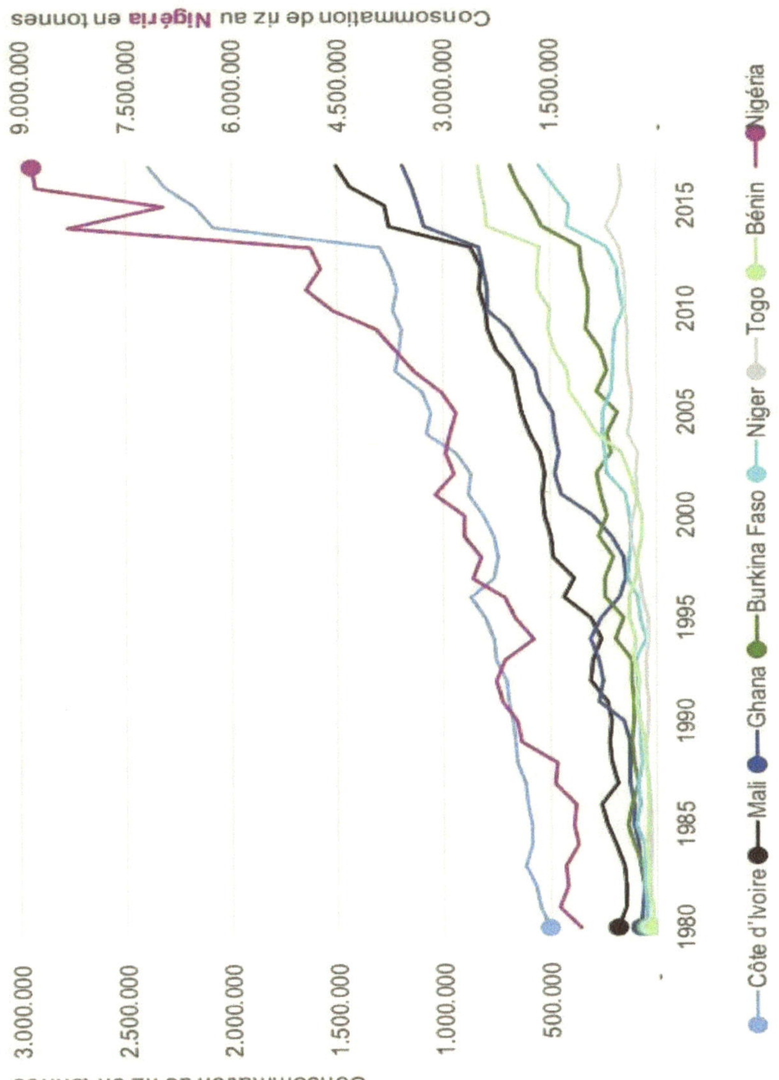

Source : *FAOSTAT, d'après F.* Tondel *et al. (2020)*

Depuis les années 1980, la consommation globale de riz a augmenté rapidement dans la plupart des pays d'Afrique de l'Ouest. La croissance de la consommation globale a été particulièrement élevée dans les années 1980, puis dans les années 2000.

D'une manière générale, l'insuffisance de la production céréalière en général (et du riz local en particulier) et les nouvelles habitudes alimentaires ont donné lieu à une importation massive de céréales en Afrique de l'ouest. Ce qui amène les États à importer des vivres.

❖ Les légumineuses et les oléagineux

Les légumineuse et les oléagineux regroupent les produits tels que le sésame, les arachides, le niébé, le soja... ainsi que des arbres pérennes tels que le cocotier et le palmier à huile. Dans cette gamme de produits, l'huile de palme et l'arachide occupent une place importante sur la densité des flux (graphique n°3). En effet, l'huile de palme est la première huile produite, consommée et échangée en Afrique de l'Ouest.

Graphique 3 : Evolution de la production d'oléagineux en Afrique de l'Ouest

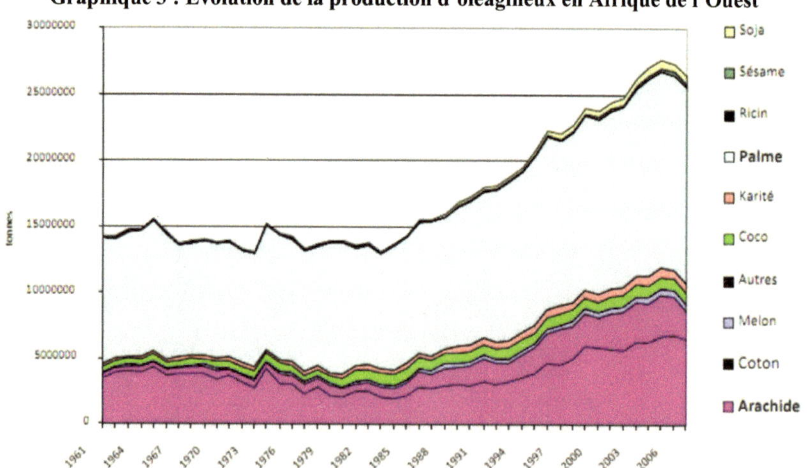

Source : FAOSTAT, 2013

Toutefois, la production régionale de l'huile de palme est de plus en plus menacée par les importations d'huiles de palme asiatiques et les autres huiles végétales raffinées (ou non). Entre 1960 et 2005, la proportion d'huile de palme africaine dans la production mondiale est passée de 83 % à moins de 10 %. Pendant ce temps, l'huile de palme asiatique est passée de 16 à 85% (GRET, 2012). Quant à l'arachide, son taux d'autoconsommation est très élevé en Afrique de l'Ouest dans tous les pays producteurs. Ce qui est vendu par le petit producteur entre généralement dans la filière locale. Celle-ci est caractérisée dans plusieurs pays par de petits grossistes locaux qui achètent auprès des paysans ou des collecteurs après la récolte, qui financent le stockage et qui vendent au fur et à mesure que le prix augmente (F. Goossens, 1996).

2.3.2. *Les fruits et légumes*

On retrouve aussi des fruits sur les marchés ruraux. La disponibilité des fruits sur les marchés ruraux est moins importante en Afrique de l'Ouest par rapport aux céréales, aux légumineuses et aux oléagineux. Le consommateur n'achète qu'irrégulièrement des fruits, dans les rues et aux marchés de détail, le prix étant un critère important pour l'achat (FAO, 1998). La production de légumes (tomate, oignon, choux…) se situe surtout en milieu périurbain. En milieu rural, il s'agit de cultures de contre-saison dans les vallées, avec des pratiques culturales basées sur une technologie traditionnelle.

2.3.3. *Les tubercules*

Les tubercules (ignames, manioc, patate, pomme de terre, taro.) sont plus disponibles dans les régions côtières par rapport à ceux de l'intérieur (graphique 4). Cela s'explique par les conditions climatiques et pédologiques favorables dans les régions côtières tropicales.

Graphique 4 : Évolution des disponibilités par tête en racines et tubercules en Afrique de l'Ouest

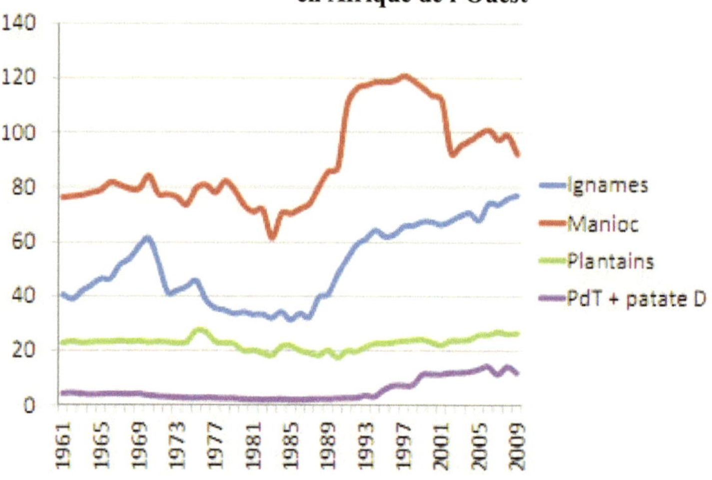

Ce graphique n°4 montre la domination des ignames et du manioc sur les autres tubercules. Cela peut s'expliquer par de nouvelles habitudes alimentaires dans les villes qui ont favorisé une augmentation de la demande. La filière des tubercules est l'apanage des collecteurs et grossistes généralement dans les marchés ruraux pour approvisionner les villes. Le rôle de ces derniers est de financer le stockage durant une période de quelques mois, d'organiser le transport sur de longues distances, éventuellement d'exporter, et de vendre au détail. Les pertes au stockage des racines et des tubercules semi-périssables sont élevées, qu'il s'agisse d'igname, de patates douces, de pommes de terre ou de taro. Le principal problème de stockage est que ces plantes contiennent beaucoup d'eau par rapport aux céréales, qu'elles continuent à respirer et se métabolisent plus vite que les céréales.

2.3.4. *Les produits forestiers non ligneux et produits halieutiques (le poisson)*

Les amandes de karité, les graines de néré, le tamarin et les feuilles de baobab représentent quelques produits forestiers non ligneux que l'on rencontre sur les marchés ruraux en Afrique occidentale. Parmi ces produits, les amandes de karité présentent un flux important. La collecte des amandes de karité s'effectue durant les mois de juin à août, et la pleine commercialisation s'observe de décembre à février (CIRAD, 2014). Une partie des amandes commercialisées sont regroupés dans les grands centres urbains pour l'exportation. Le prix est négocié entre les acteurs, et varie selon les campagnes de production et la qualité du produit (maturité, teneur en eau).

Quant aux produits halieutiques, ils sont représentés sur les marchés ruraux à travers le poisson. Les transactions de poisson s'observent aussi au bord des plans et retenues d'eau. La pêche est saisonnière et la vente de poisson s'observe pendant une période très restreinte à cause du tarissement rapide des plans d'eau. Certains poissons pêchés en Afrique subsaharienne sont perdus par manque de moyens efficaces de conservation et de transformation. En outre, on observe de plus en plus un flux important de poissons séchés sur les marchés de détail pour l'alimentation des populations même dans les marchés ruraux.

2.3.5. *Les produits d'élevage*

Cette filière regroupe une gamme de produits tels que le bétail, la volaille, les produits laitiers…Le bétail se compose de petits ruminants (ovins, caprins..) et de gros ruminants (bovins, camelins..). Les animaux sont en grande majorité amenés sur les marchés par des éleveurs nomades. Le cheptel est en plus grand nombre aux deux grandes périodes de transhumance que sont le début de l'hivernage (juin-juillet), et après les récoltes de céréales (novembre-décembre). Une troisième période est celle des fêtes religieuses (Tabaski, etc.) FIDA (2013).

Durant l'hivernage, les animaux sont disséminés sur de nombreux marchés, les acheteurs devant ainsi en fréquenter un plus grand nombre qu'en saison sèche. Pendant la période de la « soudure » (mai-août), la qualité des animaux a tendance à se dégrader, en particulier dans les zones où l'accès aux pâturages et à l'eau devient difficile. Les marchés à bétail sont des lieux où les prix se décident sur place. Les animaux sont achetés à partir de simples observations et palpations (O. Nikiéma, 1994). La vente de petits ruminants constitue un pilier de la sécurité alimentaire au Sahel.

La commercialisation de la volaille (pintades, poulets, canards …) est l'une des occasions pour les ménages ruraux, de générer des revenus en espèces notamment les agriculteurs sans accès à la terre ou à d'autres ressources telles que les petits ruminants et/ou bovins (E. Gueye, 2009; H. Aklilu et *al*. 2007). Au Burkina Faso par exemple, 40 % des poulets locaux produits sont vendus sur les marchés ruraux par les ménages (N. Yaméogo et B. Zoungrana, 2003). Une contrainte importante du commerce des volailles est liée à la double activité de la plupart des éleveurs, qui sont également, et même surtout, producteurs agricoles. Ainsi, en période de récolte de céréales, ceux-ci délaissent leur activité volaille. L'offre est alors faible par rapport à la demande, ce qui limite la possibilité pour les acheteurs de trouver la volaille à bon prix. Des variations des périodes de vente sont observées au cours de l'année entraînant de fortes fluctuations au niveau des prix sur les marchés. Ainsi, les études réalisées par H. Aklilu et *al.* (2007) ainsi que N. Emuron et *al.* (2010) montrent que la vente et le prix de volailles augmentent sensiblement avec les saisons, les festivités de fin d'année et les fêtes religieuses, tandis qu'elle (la vente) chute pendant la période de pré-Pâques et pré-Noël.

Contrairement à ce qui se passe dans certaines villes d'Afrique de l'Ouest (Abidjan et Dakar par exemple) où la production industrielle de poulets de chair est en plein essor, l'approvisionnement de la ville de Ouagadougou en poulets reste largement influencée et trop dépendant du milieu rural. L'activité (approvisionnement et transformation des poulets) implique plusieurs acteurs et les principaux lieux de vente sont les bars et buvettes, le long des rues, les restaurants, les hôtels, etc. Des travaux de K. Diasko (1996) estimaient les quantités totales de viande vendue à Ouagadougou à 26 899 tonnes par jour, toutes catégories confondues (volailles, ruminants, porcins). En plus de ces produits ci-dessus cités, dans les marchés ruraux ou en milieu rural en Afrique subsaharienne, y rencontre le bois.

2.3.6. Le bois

En Afrique de l'Ouest, il y a en général deux modes d'approvisionnement: l'auto-approvisionnement et la filière commerciale. L'auto-approvisionnement est toujours pratiqué en milieu rural et dans les villes secondaires. Ce travail revient en général aux femmes et aux enfants qui effectuent eux-mêmes le transport du combustible. De plus en plus on y trouve des hommes dans ce secteur. La quantité prélevée est généralement faible (utilisation ponctuelle) et se compose du bois mort de petit diamètre glané çà et là, ainsi que du bois issu de la débroussaille effectuée lors de la préparation des champs (M. Konkobo, 2012). La filière commerciale est particulièrement développée en milieu urbain mais provient généralement du milieu rural.

Elle implique plusieurs intervenants à savoir: les bûcherons, les transporteurs/grossistes, les distributeurs/détaillants (M. Konkobo, 2012). Le bois est revendu en fagots soit dans les marchés situés en bord de route ou directement en ville selon les possibilités. La distribution du bois est effectuée le plus souvent par les transporteurs eux-mêmes. Ils disposent d'une aire de stockage où ils vendent en gros à des détaillants ne disposant pas de moyens de transport leur permettant de s'approvisionner directement en zones rurales ou procèdent à la distribution directe aux ménages par des rondes de camions en ville. Souvent ils s'approvisionnent auprès des animaliers.

Par ailleurs, à la faveur de l'urbanisation que connaissent les villes en Afrique de l'Ouest, on note de plus en plus une préférence au charbon de bois par rapport au bois de chauffe. Ce produit est surtout utilisé par quelques professionnels du secteur informel (restaurateurs, bijoutiers, forgerons, blanchisseurs, etc.). En plus, cette urbanisation entraine également des besoins de plus en plus croissants dans le prélèvement du bois depuis généralement les milieux ruraux pour la construction dans les villes.

En somme, les marchés ruraux se caractérisent par la convergence de réseaux d'approvisionnement et de distributions de produits de base (céréales, légumes, viande, poissons, fruits, bois de chauffe…) et manufacturés.

3. CONSOMMATION URBAINE EN AFRIQUE DE L'OUEST ET DES HABITUDES ALIMENTAIRES EN MUTATION

La croissance urbaine a des conséquences directes sur l'approvisionnement et la consommation des produits. Elle accroît la demande alimentaire et modifie le comportement d'achat de produits alimentaires (O. Argenti, 1998). Le graphique n°5 permet d'appréhender les dépenses alimentaires des ménages urbains en Afrique occidentale en 2008.

Graphique 5 : Dépenses alimentaires des ménages urbains en Afrique de l'Ouest (2008)

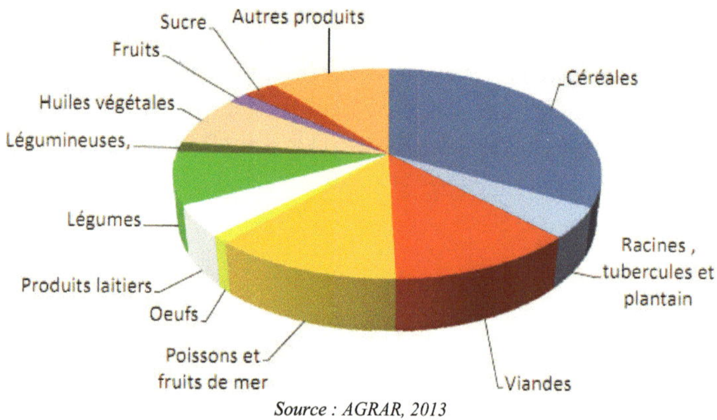

Source : AGRAR, 2013

En ville, dans la zone de l'Afrique subsaharienne, l'alimentation représente entre 40 et 60 % des dépenses des ménages (UHDER et *al.*, 2011). Ainsi, la hausse des prix des produits alimentaires a sans doute une influence sur le budget des populations. L'analyse du graphique n°4 ci-dessus montre que pour la région de l'Afrique de l'Ouest, en moyenne 40 % des céréales (20 % pour le mil-sorgho, 40 % pour le maïs et ⅔ du riz) et presque la moitié des racines et tubercules sont consommés par les villes. Cela révèle l'importance des marchés ruraux dans l'approvisionnement urbain car ces céréales en dehors des importations proviennent essentiellement des milieux ruraux.

Toutefois, les amylacées[5] (céréales, racines, tubercules et plantains) ne sont pas largement majoritaires (du point de vue « valeur économique ») dans la composition du panier de la ménagère, celui-ci ayant tendance à s'équilibrer entre

---

[5] Cette catégorie de produits regroupe les produits alimentaires à base d'amidon ; c'est une source calorique importante de l'alimentation, et constitue la base de l'alimentation des populations ouest-africaines.

trois grands ensembles de produits: un gros tiers de produits amylacés de base; un petit tiers de produits animaux (viandes, œufs, volailles et produits de la mer); et un tiers de produits « de sauce », c'est- à dire les légumes, l'huile et les condiments. Entrent également dans cette dernière catégorie les fruits et le sucre (OCDE/CEDEAO, 2008). Si les amylacées constituent aujourd'hui la base de l'alimentation des populations de la région ouest africaine, il faut toutefois noter deux grands types de régimes: d'une part le régime à dominance céréalière (selon les pays, sorgho-mil, blé ou riz), caractéristique des pays du sahel; d'autre part le double régime racines/tubercules et céréales, caractéristique des pays côtiers de l'Afrique de l'Ouest. En ce qui concerne les habitudes alimentaires, elles sont en mutation dans cette partie du monde.

L'urbanisation en Afrique de l'Ouest contribue au développement d'un secteur de transformation et de commercialisation des produits locaux (céréales, tubercules, fruits…), essentiellement artisanal (E. Cheyns, 2003). Ces produits de base sont offerts par les marchés ruraux. Si l'artisanat alimentaire s'est fortement développé avec l'urbanisation, c'est qu'il offre des produits et des services correspondants aux nouveaux styles de vie (N. Bricas, et *al.*1986).

Les résultats de leur étude (N. Bricas, et *al.*1986) ont révélé par exemple qu'à Dakar, les plats à base de mil ne représentent plus que 10 à 20% des plats à base de céréales (riz et pain ont acquis une place dominante). À Abidjan, au contraire, on assiste à une croissance des tubercules traditionnels (manioc, banane plantain) au détriment des céréales (maïs, blé). L'approvisionnement de la capitale en attiéké est évalué à 70 tonnes par jour. L'attiéké est ainsi devenu l'un des produits typiques de la Côte d'Ivoire et se consomme désormais dans tout le Golfe de Guinée et jusque dans les pays comme le Gabon où le manioc se consommait plutôt en bâtons de pâte fermentée.

De la même façon, les cossettes d'ignames originaires du pays Yoruba au Nigeria, se diffusent vers l'Ouest jusqu'au Togo et deviennent pour les populations urbaines étrangères à ce tubercules un modèle de consommation. Au Burkina Faso, le phénomène d'urbanisation entraine une progression sensible de la consommation d'autres aliments tels que la pomme de terre, le petit pois, les pâtes alimentaires…Certains mets venant d'autres pays africains ont été introduits dans l'alimentation des citadins (K. Diasso et *al.,* 2002). Il s'agit par exemple du couscous arabe (d'origine maghrébine), du degué[6](d'origine malienne).

---

[6] Couscous du petit mil mélangé avec du yaourt

La restauration a aussi contribué dans la diversification des habitudes alimentaires. On retrouve une multitude de plats tels que les frites, le haricot, les soupes proposées par des restaurants. Parmi les nouvelles structures de consommation, c'est l'alimentation de rue[7] qui est prisée par les citadins (B. Kafando, 2009). À Dakar, au contraire, l'alimentation de rue dans les petits restaurants semble encore un luxe pour beaucoup, en raison du prix assez élevé des plats préparés. D'autres formes d'organisation (collectives et non individuelles) de prise de repas se mettent en place, notamment sur le lieu de travail. Cependant, comme le constate I. Dia (1997), d'occasionnelle, l'alimentation de rue tend à devenir un mode « normal » pour certaines catégories dans des villes comme Dakar et Ouagadougou, alors qu'elle est entrée dans les traditions à Cotonou.

D'une manière globale, la croissance démographique accroît le nombre des consommateurs dans les centres urbains en Afrique de l'Ouest. Leurs besoins en aliments de base (céréales, fruits et légumes...) sont principalement satisfaits à travers les échanges commerciaux entre la campagne et la ville. La distribution alimentaire dans les villes est assurée par de multiples réseaux et opérateurs, formes d'organisation et de vente qui tous contribuent à l'approvisionnement des consommateurs: commerce et restauration.

Si les marchés ruraux servent en partie de lieux de concentration d'une production paysanne très dispersée, les marchés urbains sont le point de l'éclatement des denrées pour la vente au consommateur. Leur distribution spatiale obéit à cette double fonctionnalité. En effet, on observe une évolution significative des produits ruraux sur les marchés urbains en Afrique de l'Ouest, avec notamment une grande diversification des produits : céréales, tubercules, produits artisanaux, produits manufacturés, légumes.... Pour les produits maraîchers, le marché de détail est le mode dominant d'accès à l'alimentation.

---

[7]Produits prêts à consommer (beignets, brochettes, sandwiches, bouillies, etc.)

CONCLUSION

Le monde rural et le monde urbain interagissent. Ainsi, les villes exercent une influence sur les campagnes en favorisant l'émergence de secteurs vivriers, maraîchers et fruitiers marchands, en stimulant la mobilité des personnes et des produits, en diffusant leur mode d'alimentation vers les campagnes. Réciproquement, les campagnes influencent les villes. Les habitudes alimentaires rurales se retrouvent en ville notamment en matière de régime alimentaire.

Les marchés ruraux servent souvent de premier centre de rassemblement des produits de base destinés aux grandes villes et aux centres urbains secondaires. La plupart des produits de première nécessité vendus en ville sont achetés par les collecteurs sur les marchés ruraux. Ils participent en grande partie à l'approvisionnent des villes en produits divers et jouent le rôle de redistribution de revenus dans les circuits de commercialisation.

L'efficacité des marchés ruraux et de commercialisation des produits dépend toutefois de la qualité des rapports entre les acteurs et en particulier des rapports des grossistes, principaux animateurs et coordonnateurs de cette activité avec les producteurs, les transporteurs et les détaillants.

RÉFÉRENCES BIBLIOGRAPHIQUES

AKLILU H.A., ALMEKINDERS C.J.M, UDO H.M.J. et VAN DER ZIJPP A. J., 2007. Village poultry consumption and marketing in relation to gender, religious festivals and market access. Tropical Animal Health and Production. 39:165-177 anthropologie du changement social. Paris: Karthala.

ARGENTI O., 1998. Approvisionnement et distribution alimentaires des villes de l'Afrique francophone. Actes du séminaire sous régional FAO /ISRA, col « Aliments dans les villes » FAO, Rome.

BENZ H., 1996. Riz local et riz importé en Afrique: les déterminants de la compétitivité, Paris. EHESS. Thèse de doctorat en Socio-économie du développement.

BOGNINI N., 2006. *Les cultures maraichères dans l'économie des ménages à Réo et à Gundi.* Mémoire de maîtrise, département de géographie, Université de Ouagadougou.

BRICAS N., COURADE G., COUSSY J., HUGON P., MUCHNICK, 1986. *Nourrir les villes en Afrique sub-saharienne,* l'Harmattan, Paris.

CHEIKH B. 2000. *Circulation des biens et approvisionnement des villes, le raccourci par l'agriculture péri-urbaine et le rôle des femmes.*

CHEVRIER M., 2001. « L'agriculture urbaine ou les paysages nourriciers de la ville », L'Agora, vol. 8, n° 3, juin-juillet 2001, pp. 37-39.

CHEYNS E, 2003. *Les pratiques d'approvisionnement alimentaire des consommateurs de Ouagadougou.* Mémoire en fin d'études, faculté des sciences économiques et de gestion, Université de Ouagadougou.

CIRAD, 2014. Les agricultures familiales, une chance pour la planète. [En ligne] , https://agritrop.cirad.fr/572660, consulté le 28/07/2022.

COQUERY-VIDROVITCH C., 1988. « Villes coloniales et histoire des Africains ». *In: Vingtième Siècle.* Revue d'histoire. N°20, octobre-décembre 1988. pp. 49-73

COURADE G, 1985. Villes /campagnes : les liaisons dangereuses, pp. 67-81. In Bricas et al, Nourrir les villes en Afrique subsaharienne, Paris, L'harmattan.

COUSSY J., VALLIN J. ,1996. Crise et Population en Afrique. Crises économiques, politiques d'ajustement et dynamiques démographiques, Paris, Ceped.

DAMON J., 2020. « L'urbanisation du monde », *in Conflits, Revue de géopolitique*. [en ligne], https://www.revueconflits.com/urbanisation-phenomene-planetaire-julien-damon/, consulté le 15/07/2022.

DIA I. 1997. Le consommateur urbain africain et les SADA.- Rome, papier rédigé dans le cadre du Programme FAO "Approvisionnement et distribution alimentaires des villes de l'Afrique francophone".

DIASKO K. 1996. *Enquête sur les élevages urbains, enquête sur la consommation des viandes, enquêtes sur les œufs de consommation*, Ouagadougou.

DIASSO K., KABORE S., KARIMOU A. R, KONKOBO Y. C, 2002. Les pratiques alimentaires à Ouagadougou, Burkina Faso : céréales, légumineuses, tubercules et légumes. CNRST, CIRARD.

EMURON N., Magala H., Kyazze F. B., Kugonza D.R., Kyarisiima C, 2010. *Factors influencing the trade of local chickens in Kampala city markets*. Livestock Research for Rural.

FANCHETTE S. ,2001. *Désengagement de l'État et recomposition d'un espace d'échange Korhogo dans les défis de la décentralisation,* Karthala, Paris.

FAO, 1998. *Comment ravitailler la ville*: extrait de la situation mondiale de l'alimentation et de l'agriculture. Rome.

FAO, 2011. Organisation des Nations Unies pour l'Alimentation et l'Agriculture 2011 State of the World's Forests 2011. Rome.

FEWSNET, FAO, PAM, 2010. *Evaluation de la situation alimentaire, des marchés et des flux transfrontaliers et leur impact sur la sécurité alimenta ire des ménages, Bassins Centre et Ouest de l'Afrique de l'Ouest,* version finale.

FIDA, 2013. Étude sur le fonctionnement des marches ruraux de demi-gros et les flux de commercialisation des produits agro-pastoraux des régions de Tahoua, Maradi et Zinder, Niger.

GOOSSENS, F. 1994. Performance of Cassava Marketing *in Zaire, Dissertationes de Agricultura, n° 262. Faculty of Agricultural Sciences,* Katholieke Universiteit Leuven.

GOOSSENS, F. 1996. Cassava Production and Marketing *in Zaire, the Market of Kinshasa. Leuven University Press,* Louvain.

GRET, 2012. *La revue d'inter –réseaux : développement rural* n°58, Avril-Juin.

GUEYE E. F. 2009. « Aviculture en Afrique de l'Ouest : état des lieux, enjeux et perspectives de développement dans le contexte de la lutte contre la pauvreté et l'insécurité alimentaire ». *In C.-E. Bebay, R. Billaz, J.-J.*

Boutrou, L. Larbodière et C. Roger (Eds.). *Actes de l'atelier Aviculture familiale et grippe aviaire en Afrique de l'Ouest*. Bobo-Dioulasso, Burkina Faso, 6 et 7 Novembre 2008. Agronomes et Vétérinaires Sans Frontières. pp.23 - 28.

HATCHEU E., 2003. *L'approvisionnement et la distribution alimentaires à Douala (Cameroun) : Logiques sociales et pratiques spatiales des acteurs* », IEDES (Université Paris1-Panthéon-Sorbonne), Thèse de doctorat en géographie, IRD.

KAFANDO B., 2009. *La vulnérabilité alimentaire en zones urbaines de l'Afrique de l'ouest*. Mémoire de master, département de géographie, Université de Ouagadougou.

KONKOBO M., 2012. Approvisionnement de la ville de Ouagadougou en bois-énergie, Mémoire en fin d'études, faculté des sciences économiques et de gestion, Université de Ouagadougou.

NIKIÉMA O. 1994. *Le rayonnement du marché à bétail de Pouytenga,* mémoire de maîtrise, département de géographie, Université de Ouagadougou.

OCDE/CEDEAO, 2008. *Livestock and regional market in the Sahel and West Africa: Potentials and Challenges. Sahel and West Africa Club/OECD.*

PopulationPyramid.net, 2019, Pyramides des âges pour le monde entier de 1950 à 2100, [en ligne],https://www.populationpyramid.net/fr/afrique-de-louest/2025/, consulté le 29/08/2022.

SNRECH S. 1997, *Croissance démographique et développement urbain: impact sur la demande et l'offre alimentaire, Bilan et perspectives à long terme en Afrique de l'Ouest, Dakar, séminaire sous régional FAO.ISRA «approvisionnement et distribution alimentaires des villes de l'Afrique francophone,* 14-17 avril.

TONDEL F., D'ALESSANDRO C., HATHIE I. et BLANCHER C., 2020. Commerce du riz et développement de la filière riz en Afrique de l'Ouest: une approche pour des politiques publiques plus cohérentes, [en ligne], https://ecdpm.org/wp-content/uploads/Commerce-Riz-Developpement-Filiere-Riz-Afrique-Ouest-Document-Reflexion-283-Octobre-2020-ECDPM.pdf, Consulté le 02/03/2022.

TRAORÉ N., 2008. *Le rayonnement du marché de Koubri,* mémoire de maîtrise en Géographie, Université de Ouagadougou.

UHDER C., BRICAS N., ZOUNGRANA B., THIRION M.C., ROY-MACAULY

H., MARAUX F., KONATE G., BARIS P., DEMAY S., de RAISSAC M., BOIRARD H., REMY P., SIMON D., 2011. « Dynamique régionale des filières agricoles » *in FAO/ISRA, Rome.*

WILHELM L., 1997. *Les circuits d'approvisionnement alimentaire des villes et le fonctionnement des marchés en Afrique et à Madagascar,* Collection aliments dans les villes Ac/03-97F, Rome, FAO.

YAMÉOGO N. et ZOUNGRANA B., 2003. *Étude de la contribution de l'aviculture traditionnelle urbaine et péri urbaine dans la lutte contre les pathologies aviaires au Burkina-Faso.* Université de Ouagadougou : UFR/SVT, IDRC, Rapport AGROPOLIS.